Warum haben Zebras Streifen?

Wie atmen Fische?

Ist es in der Wüste immer heiss?

Wie alt wird die Eintagsfliege?

Wie kann eine Pflanze Tiere fressen?

Woher kommen die Ringe vom Saturn?

Wo sind die Schnecken im Winter?

Müssen Fische auch trinken?

Warum sind Schneesterne immer sechseckig?

Können aus allen Eiern Küken schlüpfen?

Warum stinkt die Stinkmorchel?

Sind alle Dinos ausgestorben?

Wie kommt das Loch in die Muschelschale?

Sind alle Ponys Fohlen?

Warum ist das Meer salzig?

Krabbelt der Ohrwurm wirklich in die Ohren?

Warum brennen Brennnesseln?

Wie ist der Mond entstanden?

Haben Känguru-Männchen auch einen Beutel?

Wie viele Stacheln hat ein Igel?

Wie werden Eisberge geboren?

Kann man Seekühe melken?

Warum ist Rinde rau?

Kann man erkennen, woran ein Dino gestorben ist?

Können Vögel rückwärts fliegen?

Legen Regenwürmer Eier?

Wie kommt der Sand ans Meer?

Können Kühe rülpsen?

Warum haben Kakteen Stacheln?

Sind Seepocken eine Krankheit?

Was sind Sternschnuppen?

Warum kräht der Hahn?

Wie kommt der Wurm in den Apfel?

Warum leuchten Glühwürmchen?

Was ist Hagel?

Kann die Schildkröte ihren Panzer ausziehen?

Haben alle Marienkäfer Punkte?

Warum ist die Banane krumm?

Wie groß waren Dinos?

Sind Fische stumm?

Warum bleiben Spinnen nicht in ihrem Netz hängen?

Warum haben Rosen Dornen?

Wie entsteht ein Regenbogen?

Wie stark ist eine Ameise?

Warum sind Blätter grün?

Warum haben Sterne Zacken?

Sind Blindschleichen blind?

Hat ein Tausendfüßler wirklich 1000 Füße?

Können Seesterne sehen?

Wie kommen Oasen in die Wüste?

Impressum

Sammelband 2 der Reihe
„Was Kinder wissen wollen“
Velber-Verlag

Illustrationen: Detlef Kersten
Coverfoto: Meins & Krabs
Fotos: Arco Digital Images (27, 35, 107), AustralianSevereWeather (77); Frank Hecker (17, 19, 25, 29, 33, 71, 79, 91, 101, 103); Frey (55); Juniors Bildarchiv (95); Meins & Krabs (9, 11, 13, 15, 31, 41, 47, 51, 53, 57, 61, 63, 65, 67, 81, 87, 89); NASA (21, 43, 69, 99); Okapia (75); Photodisc (49, 73); Picture Alliance (37, 73, 83, 93); Reinhard-Tierfoto (23, 39, 45, 59, 97); Tucciarone (85); Werner Thiele (105)

Text und Redaktion: Ulrike Berger
Layoutentwurf: Christoph von Herrath
Layout: Anja Schmidt
Repro: Baun PrePress, Fellbach
Druck: Gruppo Olivotto, Italien

Warum haben Marienkäfer Punkte?

50 verblüffende Fragen und Antworten aus Natur und Umwelt

velber

Warum haben Zebras Streifen?

Viele Menschen haben überlegt, warum Zebras so auffällige Streifen haben. Es gibt mehrere Erklärungen.

1. Zebras leben in Herden in der heißen Savanne. Bei großer Hitze beginnt die Luft zu flimmern. Dadurch verwischen die Streifen der Zebras. Jetzt kann ein Raubtier den Umriss eines einzelnen Zebras nicht mehr erkennen.

Name:	Zebra
Größe:	2,2 bis 2,5 m; Schwanz ca. 50 cm
Heimat:	Ost- und Südafrika
Nahrung:	Gras, Blätter

2. In der Dämmerung sind Zebras kaum zu sehen. Der Grund dafür müssen die Streifen sein. Denn sie scheinen die Augen nachts besonders zu verwirren. Für Zebras ist es lebenswichtig, dass sie im Dämmerlicht nicht zu sehen sind. Denn jetzt erst gehen Feinde wie Löwen oder Geparde auf die Jagd.

Welche Antwort wohl richtig ist? Vielleicht haben Zebras die Streifen nur, weil sie ihnen gut gefallen? Leider können die Zebras unsere Fragen nicht beantworten. Und so rätseln wir weiter, warum Zebras Streifen haben.

Müssen Fische auch trinken?

Alle Lebewesen dieser Erde brauchen Wasser, um nicht zu verdursten. Also auch Fische wie dieser Clownfisch. Sie trinken, indem sie das Wasser in sich hineinfließen lassen. Aber Fische im Salzwasser haben ein Problem – denn Salzwasser ist gefährlich. Salz trocknet den Körper nämlich aus. Darum darfst du auch kein Salzwasser trinken!
Fische haben eine Lösung für dieses Problem: Sie trinken das Salzwasser – und drücken das Salz sofort wieder zu den Kiemen hinaus. So kommt nur salzfreies Wasser in den Körper.

Name:	Clownfisch
Familie:	Anemonenfische
Größe:	6 cm
Heimat:	Westpazifik
Lebensweise:	eine Familie wohnt zusammen in einer Anemone
Nahrung:	Plankton und Algen

Wie atmen Fische?

Atmen heißt bei Tieren, Sauerstoff aufnehmen und Kohlendioxid abgeben. Die Tiere an Land nutzen den Sauerstoff aus der Luft, die Fische nutzen den Sauerstoff, der im Wasser gelöst ist.
Fische brauchen dazu Kiemen. Das sind Atmungsorgane, die sich meist links und rechts am Kopf der Fische befinden. Sie bestehen aus ganz vielen dünnen Häutchen. Würde man die Kiemen eines Karpfens auseinander falten, hätten sie eine Oberfläche wie ein großer Fernsehschirm!
Diese Kiemen sind stark durchblutet. Beim Atmen saugen die Fische Wasser über den Mund ein und lassen es durch die Kiemen wieder ausströmen. Das Wasser strömt so an den dünnen Häutchen vorbei. Dabei wandert der Sauerstoff aus dem Wasser in das Blut der Fische.

Übrigens:
Die dünnen Häutchen der Kiemen kannst du dir wie feinste Papierservietten vorstellen. Solange Wasser daran vorbeiströmt, kann der Fisch damit atmen. Sobald er an Land liegt, kleben die Häutchen wie nasse Servietten zusammen – und der Fisch muss ersticken.

Zackenbarsch

Ist es in der Wüste immer heiß?

In Sand- und Steinwüsten kann es tagsüber fast kochend heiß werden. Bis zu 60 Grad! Die Sonne heizt dann den Boden und die Steine auf. Steine und Sand können Wärme aber nicht speichern. Nachts, wenn die Sonne weg ist, steigt die Wärme des heißen Bodens sofort in den Himmel. Das liegt daran, dass über der Wüste meist keine Wolken sind.

Wolken sorgen nämlich nicht nur für Regen. Sie wirken auch wie ein Deckel für die Gegend, über der sie stehen, und halten die Wärme fest. Wenn aber, wie in der Wüste, keine Wolken da sind, kann die Wärme des Bodens ungehindert nach oben in die Atmosphäre steigen. Dadurch kühlt der Boden in der Wüste völlig aus und es wird nachts eiskalt: bis minus 20 Grad!

Übrigens:

Es gibt auch Eiswüsten – dort ist es auch tagsüber eiskalt ...

Wie alt wird die Eintagsfliege?

Eine Eintagsfliege wird nur wenige Stunden, höchstens zwei bis drei Tage alt. Diese kurze Zeit reicht aber völlig aus. Denn der einzige Lebenszweck der Eintagsfliege besteht darin, einen Partner zu finden und Eier zu legen. Und das geht bei der Eintagsfliege sehr schnell!

Name:	Eintagsfliege
Größe:	bis 3,5 cm
Heimat:	weltweit, außer Australien

Das Weibchen klebt nach der Paarung zwischen 100 und 1 000 Eier unter Pflanzen und Steine am Gewässergrund. Aus den Eiern schlüpfen Larven, die zwei bis drei Jahre unter Wasser leben.

Übrigens:
Während ihrer kurzen Lebenszeit über Wasser frisst die Eintagsfliege nichts. Sie hat keine Mundwerkzeuge! Die Eintagsfliege lebt von dem, was sie sich in ihrer mehrjährigen Larvenzeit angefressen hat.

Unterwasser-Larve

Wie kann eine Pflanze Tiere fressen?

Weltweit existieren etwa 300 Arten von Pflanzen, die Tiere fressen. Wie machen die Pflanzen das?
Die zwei Blatthälften der Venusfliegenfalle zum Beispiel schnappen blitzschnell zusammen, wenn sie berührt werden. Das dauert nur wenige Millisekunden. Im ganzen Pflanzenreich gibt es keine schnellere Bewegung!
Auf jeder Fallenhälfte sitzen drei Fühlhaare. Wenn ein Insekt eines dieser Haare berührt, schnappt die Falle zu. Dann greifen die „Zähne“ am Blattrand ineinander und versperren dem Insekt den Fluchtweg. Das Beutetier wird eingequetscht. Jetzt beginnt die Verdauung so, wie sie auch in unserem eigenen Magen abläuft. Nach ein bis zwei Wochen öffnet sich die Falle wieder und Wind und Regen spülen die letzten Insektenreste weg.

Übrigens:
Insgesamt kann eine solche Falle bis zu zehnmal ausgelöst werden. Dann sterben die Blätter ab.

Woher kommen die Ringe vom Saturn?

Alle großen Gasplaneten in unserem Sonnensystem, Jupiter, Saturn, Uranus und Neptun, haben Ringe. Jupiter, Uranus und Neptun haben nur wenige dunkle Ringe. Saturn dagegen hat tausende von Ringen, die auch noch leuchten.

Diese Ringe bestehen aus Eis und Gesteinsbrocken, die so groß wie Häuser sein können.
Die Ringe sind Reste aus der Zeit, in der sich der Planet geformt hat. Sie kreisen sozusagen als Restmüll um den Planeten.

Wo sind die Schnecken im Winter?

Es gibt viele verschiedene Schneckenarten. Unsere Landschnecken überwintern in ihrem Schneckenhaus. Sie verschließen es mit einer Kalkschicht und fallen in eine Kältestarre. Die warme Frühlingssonne weckt sie dann wieder auf.

Manche Nacktschnecken, das sind die Schnecken ohne Schneckenhaus, verbringen den Winter versteckt unter der Erde. Dort sind sie vor Kälte geschützt. Die meisten Nacktschnecken aber überwintern nicht, sondern sterben, sobald es kalt wird. Sie legen im Herbst Eier, die den Winter überleben. Im Frühjahr schlüpfen die jungen Nacktschnecken.

Warum sind Schneesterne immer sechseckig?

Ein Schneestern entsteht in den Wolken, wenn dort in der eiskalten Luft Wasserdampf an einem winzigen Staubkorn festfriert.
Der Wasserdampf gefriert dabei nach einer ganz bestimmten Regel: Wasser besteht aus winzigen Teilchen. Diese sind wie das Innere eines Mercedes-Sterns aufgebaut. Nämlich mit drei Strahlen – immer gleich lang, immer im gleichen Abstand voneinander. Wenn nun viele solcher dreistrahligen Wasser-Teilchen aufeinander treffen, schließen sie sich zu einem ganz bestimmten Muster zusammen: Nämlich so, dass sie immer gleich weit weg voneinander sind. Und das ergibt – ein Sechseck!

Und weil neue Wasserteilchen immer am liebsten an den Ecken des Sechsecks anfrieren, wächst die Figur zu einem Stern mit sechs Strahlen heran.

Übrigens:
Obwohl es eine feste Regel gibt, wie Schneesterne aufgebaut sind, gibt es nie zwei Schneesterne, die genau gleich sind. Nur eines haben alle gemeinsam: Sie sind sechseckig!

Können aus allen Eiern Küken schlüpfen?

Damit aus einem Ei ein Küken wird, muss das Ei befruchtet sein. Das kann passieren, wenn der Hahn auf eine Henne flattert und dabei die Eier in ihrem Bauch befruchtet. Nach etwa drei Wochen Brutzeit schlüpft ein Küken aus dem Ei.

Die Eier jedoch, die auf dem Markt oder im Supermarkt verkauft werden, sind nicht befruchtet. Deshalb können daraus auch keine Küken schlüpfen.

Warum stinkt die Stinkmorchel?

Zwischen Juni und Oktober ist sie im Wald gut zu finden: die Stinkmorchel. Denn die Stellen im Wald, an denen die Stinkmorchel steht, sind an warmen Tagen stundenlang nicht zu „überriechen“!
Zwischen 5 und 7 Uhr morgens streckt dieser Pilz seinen Kopf aus dem Hexenei, wie die Knolle genannt wird. Dann wächst er so schnell, dass man dabei zugucken kann. Gegen 9 Uhr ist die Stinkmorchel bereits 15 bis 20 Zentimeter groß. Der ursprünglich graue Hut ist inzwischen olivgrün und schleimig geworden. Diese schleimige Samenmasse stinkt intensiv nach Verwesung. Ein Festmahl für Fliegen, Aaskäfer und andere Insekten! Sie alle stürzen sich auf den dunklen Schleim und fressen die Samen auf. Am Abend ist von der Samenmasse fast nichts mehr übrig.

Die Pilzsamen, die Sporen, werden von den Tieren an anderer Stelle wieder ausgeschieden. Auf diese Weise sorgt die Stinkmorchel für die Verbreitung ihrer Samen.

Sind alle Dinos ausgestorben?

Die große Katastrophe, die zu dem Massensterben der Tiere am Ende der Kreidezeit führte, hat leider kein Dinosaurier überlebt.
Aber es gibt heute noch Tiere, die bereits zu der Zeit lebten, als die Dinos die Erde beherrschten: Krokodile und Schildkröten zum Beispiel und so manche Echsen. Sie haben sich seither kaum verändert. Warum haben diese Tiere überlebt? Das war wahrscheinlich Zufall.
Der Großteil der Tierarten starb am Ende der Kreidezeit aus: alle Saurier, fast alle Reptilien, viele Säugetiere und Fische. Nur ein paar wenige Tierarten haben überlebt.

Übrigens:
Nachfahren der Dinosaurier kannst du heute durch die Lüfte fliegen sehen: Vögel!
Die Federn hatten sich schon früh entwickelt: Ein Federkleid wärmt sehr gut. Die Fähigkeit zum Fliegen kam erst später dazu.

Riesengürtelschweif

Wie kommt das Loch in die Muschelschale?

Wenn du am Strand wanderst, haben die schönsten Muscheln leider oft ein Loch. An diesen Löchern sind räuberische Meeresschnecken schuld, wie zum Beispiel die Purpurschnecke. Diese Schnecken bohren mit ihrer Raspelzunge ein Loch in die Muschelschale. Dann saugen sie die Muschel durch das Loch heraus.

Übrigens:
Manche Muscheln haben gelernt, sich gegen diese Schnecken zur Wehr zu setzen. Die Miesmuschel zum Beispiel spinnt eine angreifende Schnecke mit klebrigen Fäden wie in einem Netz ein. Die Schnecke kann sich dann nicht mehr bewegen und muss verhungern.

Purpurschnecke

Sind alle Ponys Fohlen?

Ponys sind besonders kleine Pferderassen. Bei Kindern sind zum Beispiel die Shetlandponys beliebte Reitpferde. Diese Ponys werden nur einen Meter groß.

Fohlen dagegen werden alle Pferdekinder bis zum Alter von zwei Jahren genannt. Auch neugeborene Ponys heißen daher Fohlen: Ponyfohlen!

Warum ist das Meer salzig?

Wirf einmal Salz in eine Wasserschale und rühre um. Du kannst zusehen, wie das Wasser das Salz auflöst. Wenn du die Schale auf die Heizung stellst, verdunstet das Wasser – und nur das Salz bleibt zurück.

Wenn Flüsse von den Bergen zur Küste fließen, löst das Wasser unterwegs winzige Mengen von Salz aus den Steinen im Flussbett auf. Das Wasser fließt ins Meer und nimmt das Salz auf seinem Weg mit.
Wenn die Sonne dann auf das Meer scheint und es erwärmt, verdunstet immer etwas Wasser. Das Salz aber bleibt zurück. Weil das schon viele Millionen Jahre so geht, ist das Meer mittlerweile ganz schön salzig.

Krabbelt der Ohrwurm wirklich in die Ohren?

Der Ohrwurm, Ohrenkneifer – oder wie auch immer er genannt wird – ist völlig harmlos. Das scheue kleine Insekt versteckt sich tagsüber in Blumenkästen, unter Brettern und Kisten. Am liebsten verspeist er Pflanzenschädlinge, zum Beispiel Blattläuse. Mit seinen auffälligen Zangen packt er dieses Ungeziefer – und ist also ein nützliches Tier für uns Menschen!
Der Ohrwurm kriecht nicht in das menschliche Ohr. Abgesehen davon, dass er dort nichts zu fressen findet, verträgt das Tier unser bitteres Ohrschmalz nicht. Die Angst vor dem kleinen Kerl ist also völlig unbegründet.

Übrigens:
Ohrwürmer heißen zwar Würmer, sind aber Insekten!

Name:	Ohrwurm
Größe:	10 bis 16 mm
Heimat:	weltweit
Nahrung:	pflanzliche und tierische Nahrung

Warum brennen Brennnesseln?

Brennnesseln haben unten an den Blättern ganz viele feine Haare. An der Spitze dieser Haare ist eine winzig kleine Kugel, die mit einer juckenden Flüssigkeit gefüllt ist. Wenn du diese Härchen berührst, brechen sie ab und das Kügelchen platzt. Die Härchen ritzen deine Haut ein bisschen ein und die Flüssigkeit kann in die Haut eindringen. Kurz darauf wird die Haut an dieser Stelle rot, fängt an zu jucken und zu brennen.

Brennnesseln schützen sich mit diesem juckenden Gift gegen Tiere, die sie fressen wollen. Denn auch Tiere mögen keine Brennnesseln, weil sie ihnen im Mund wehtun.

Wie ist der Mond entstanden?

Vor etwa 4,4 Milliarden Jahren, also kurz nach der Entstehung unseres Sonnensystems, gab es einen Unfall im Weltall: Ein Himmelskörper, der etwa so groß war wie der heutige Planet Mars, ist mit der Erde zusammengestoßen. Dabei wurden gewaltige Mengen von glühendheißem flüssigem Gestein aus der Erde herausgeschlagen und ins Weltall geschleudert. Ein großer Teil dieser „Gesteinsspritzer" fügte sich zu einer Kugel zusammen und erkaltete. So bildeten sie unseren Mond. Der Mond besteht also aus dem gleichen Material wie unsere Erde – denn er war einmal ein Teil der Erde!

Haben Känguru-Männchen auch einen Beutel?

Sobald von Kängurus die Rede ist, denkt man sofort an den typischen Känguru-Beutel. Schließlich sind Kängurus ja Beuteltiere! In diesem Beutel wachsen die kleinen Kängurus heran. Und dorthin kehren sie ständig zurück, um getragen zu werden – bis sie groß genug sind, um auf eigenen Pfoten durch Australien zu hüpfen.
Diese ganze Trage-Arbeit leisten aber nur die Känguru-Weibchen. Die Känguru-Männchen haben zwar wie die Weibchen einen so genannten „Beutelknochen", aber keinen Beutel, der sich öffnen lässt.

Name:	Riesenkänguru
Größe:	1 bis 1,6 m, Schwanz bis 1,2 m
Heimat:	Australien
Nahrung:	Gras, Kräuter, Blätter

Wie viele Stacheln hat ein Igel?

Ein erwachsener Igel hat 7 000 bis 8 000 Stacheln.
Wenn kleine Igel auf die Welt kommen, sind sie nackt. Ihre Haut ist mit viel Wasser gefüllt. In diese Haut sind mehrere hundert weiße „Erstlingsstacheln“ eingebettet. Wenige Stunden nach der Geburt trocknet dieses Wasser aus. Erst dann kommen die kleinen Stacheln hervor. Sie sind nur sechs bis acht Millimeter lang, weich und biegsam. Nach sechs Wochen verlieren die kleinen Igel ihre Erstlingsstacheln. Nun bekommen sie 7 000 bis 8 000 lange Erwachsenenstacheln.

Name:	Europäischer Igel
Größe:	22 bis 27 cm
Gewicht:	ca. 1 kg
Heimat:	Europa
Nahrung:	Würmer, Spinnen, Insekten
Nachwuchs:	einmal im Jahr 4 bis 5 Junge

Wie werden Eisberge geboren?

Beide Pole der Erde sind dick mit Eis bedeckt. Bis zu 4000 Meter dick! An den Polen ist es so kalt, dass der Schnee nicht schmilzt, sondern mit der Zeit zu Eis wird. Am Rand der Eismassen schlagen die Wellen des Meeres Risse und Spalten ins Eis. Manchmal brechen dann riesige Eisblöcke ab: Eisberge! Wenn ein solcher Eisberg geboren wird, dann sagt man: „Das Eis hat gekalbt.“

Die frisch geborenen Eisberge treiben aufs Meer hinaus – riesige Berge aus Eis. Sie können viele Kilometer lang sein. Aber nur ihre Spitze ist zu sehen. Der größte Teil der Eisberge befindet sich unter Wasser. Deshalb sind Eisberge eine große Gefahr für die Schiffe auf den Meeren.

Kann man Seekühe melken?

Seekühe sind Säugetiere. Sie sind mit Elefanten, Pferden, Schweinen und Kühen verwandt. Doch melken kann man sie nicht. Ihren Namen haben sie eher daher, dass sie ganz gemächlich auf dem Grund von Gewässern wie Kühe auf einer Unterwasserweide grasen. Ihre Lieblingsspeisen sind Wurzeln und Sprossen von Seegras. Sie packen die Nahrung mit den kräftigen Oberlippen und mahlen sie dann klein.
Seekühe verbringen ihr ganzes Leben im Wasser. Nur zum Atmen strecken sie alle 30 Minuten die Schnauze kurz aus dem Wasser.

Übrigens:
Die Backenzähne der Seekühe haben keine Wurzeln. Wenn sie ausfallen, schieben sich von hinten die nächsten Zähne in die Lücken. Und ganz hinten wachsen ständig neue Zähne nach.

Warum ist Rinde rau?

Wenn du eine Markierung an einem Baumstamm anbringst und zehn Jahre wartest, wird diese Markierung noch immer in genau derselben Höhe zu sehen sein. Denn der Baumstamm wächst nur an der Spitze in die Höhe. Der Stamm wächst dabei von innen nach außen in die Breite. Während er dicker wird, platzt die äußere Schicht auf und bildet eine raue Rinde. Die Rinde ist vor allem bei schnell wachsenden Bäumen wie Tannen sehr rau. Hier hat die Rinde kaum Zeit, sich zu dehnen, und platzt ganz besonders schnell.

Kann man erkennen, woran ein Dino gestorben ist?

Wenn man ein Dinoskelett findet, ist es selten möglich zu erkennen, woran das Tier gestorben ist. Wenn es krank war, so erkennt man diese Krankheit an den Knochen nicht mehr. Auch Ertrinken hätte keine Spuren an den Knochen hinterlassen. Manchmal findet man Verletzungen an Knochen oder Biss-Spuren. Man kann leider kaum feststellen, ob der Dino an diesen Verletzungen gestorben ist. Oder ob ihm die Verletzungen erst zugefügt wurden, als er bereits tot war.
Einzelne Fälle sind aber bekannt, in denen die Todesursache eindeutig ist. In der Mongolei hat man zum Beispiel eine Gruppe Dinos entdeckt, die alle von einem Sandsturm zugeschüttet wurden!

Können Vögel rückwärts fliegen?

Name: Kolibri
Größe: 5 bis 20 cm
Heimat: Amerika, hauptsächlich in Äquatornähe
Nahrung: Blütennektar

Es gibt nur einen einzigen Vogel, der rückwärts fliegen kann: Das ist der Kolibri! Kolibris können nicht nur rückwärts, sondern auch seitwärts fliegen. Oder sogar mit dem Kopf nach unten! Und wenn sie mit ihrem langen Schnabel an einer Blüte Nektar trinken, schwirren sie wie ein Hubschrauber auf der Stelle. Dabei schlagen Kolibris achtzig Mal pro Sekunde mit den Flügeln. Das ist so schnell, dass unser Auge diese Bewegungen gar nicht mehr erkennen kann.
Solche Flugkünste brauchen viel Kraft. Deshalb müssen Kolibris täglich die Hälfte ihres Körpergewichtes an Nahrung zu sich nehmen.
Wie viel Kilogramm müsstest du dann jeden Tag entsprechend essen?

Übrigens:
Kolibris sind die kleinsten Vögel der Welt: Der Hummelkolibri wird nur fünf Zentimeter groß!

Legen Regenwürmer Eier?

Name: Regenwurm
Größe: bei uns bis 35 cm
Nahrung: verrottete Pflanzen

Der Regenwurm ist ein Zwitter, das heißt, er ist Männchen und Weibchen in einem Tier. Um sich zu vermehren, braucht er trotzdem noch einen anderen Wurm. Ein Regenwurm, der sich fortpflanzen wird, bekommt einen Gürtel, das ist eine Hautschwellung am 15. Ring. Zwei Tiere legen sich dann in entgegengesetzter Richtung ganz eng aneinander und wechseln genau an diesem 15. Ring gegenseitig die Samenzellen aus.
Dort scheidet der Regenwurm nach der Paarung eine dicke Schleimschicht mit den Samenzellen ab. Dann kriecht er rückwärts durch diesen Schleim und schiebt ihn Richtung Kopf.

Ungefähr am 12. Ring setzt der Regenwurm die Eier in diesen Schleim. Dann streift er den Schleim mit den nun befruchteten Eiern ab. Die jungen Regenwürmer schlüpfen nach drei bis sechs Wochen.

Wie kommt der Sand ans Meer?

Der Sand wird von Flüssen ans Meer gebracht. Hoch in den Bergen reißt das Wasser Steinchen mit. Auf dem langen Weg zum Meer werden die Steinchen im Wasser immer kleiner gemahlen. Bis der Fluss am Meer angekommen ist, sind sie zu winzigen Sandkörnern geworden.
Die Sandkörner bleiben am Rand vom Meer liegen. Wenn das viele Millionen Jahre so geht, entsteht ein Sandstrand.

Sand ist in den Gebieten besonders fein, in denen der Fluss einen langen Weg vom Gebirge bis zum Meer zurücklegen musste. Das Wasser konnte die Steinchen lange mahlen. Es gibt auch Gebiete, in denen das Meer und die Berge sehr nahe beieinander liegen. Auf diesem kurzen Weg haben die Flüsse nicht genug Zeit, um die Steinchen zu zerkleinern. Also gibt es dort keine Sandstrände, sondern nur Kiesstrände.

Können Kühe rülpsen?

Kühe sind Meister im Rülpsen. Denn sie können ihre Speiseröhre so öffnen, dass die Luft fast lautlos entweicht. Würden Kühe so laut rülpsen, wie Menschen das tun, dann könnte man Kühe schon von weitem hören.

Aber warum müssen Kühe ständig rülpsen?

Kühe haben vier verschiedene Mägen, um Grünfutter gut verdauen zu können. In einem Magen, dem Pansen, wird das Gras mit Hilfe von Bakterien verdaut. Dabei entsteht viel Luft. Diese Luft muss aus dem Magen der Kuh wieder raus. Der einfachste Weg ist, die Luft aus dem Maul entweichen zu lassen. Und deswegen rülpsen Kühe andauernd.

Name:	Milchkuh
Gewicht:	bis 1 200 kg (Stier) bis 750 kg (Kuh)
Heimat:	weltweit
Nahrung:	Gras, Heu, Rüben, Getreide

Warum haben Kakteen Stacheln?

In der Wüste regnet es manchmal ein ganzes Jahr lang nicht. Aus diesem Grund ist es für Pflanzen und Tiere nicht einfach, in der Wüste zu überleben. Viele Pflanzen haben deshalb Tricks entwickelt.
Kakteen saugen sich, wenn es endlich mal regnet, mit Wasser voll. Dieses Wasser können Kakteen ganz lange speichern. Deswegen macht es ihnen auch nichts aus, wenn es lange nicht regnet.

Der Wasservorrat in den Kakteen ist wie ein großer Schatz. Viele Tiere würden gerne die Kakteen aufessen und so an das Wasser gelangen, das in den Kakteen ist.
Aber die Kakteen haben Stacheln. Und die Stacheln pieksen.
Deswegen können die meisten Tiere keine Kakteen fressen. Und so sind die Kakteen vor den Tieren sicher!

Sind Seepocken eine Krankheit?

Bei Ebbe findet man am Strand oft Steine und Muscheln, die mit weißen „Pusteln“ übersät sind. Diese Pusteln sind keine Krankheit, sondern Seepocken. Das sind kleine Krebstiere (etwa 1 bis 3 Zentimeter im Durchschnitt, sie können aber auch bis zu 20 Zentimeter groß werden), die sich eine Behausung aus Kalk bauen. Sie siedeln in großen Gruppen auf festen Untergründen, am liebsten auf Muscheln oder Steinen. Die Seepocken bilden kleine, weiße Kalkschalen mit Deckel aus. Diese Deckel können sie auf- und zuklappen.

Manchmal kommt es vor, dass der Stein, auf dem die Seepocken siedeln, trocken wird – zum Beispiel bei Ebbe. Dann schließen die kleinen Krebstiere den Deckel. So schützen sie sich vor dem Austrocknen. Diese Steine sehen dann aus, als wenn sie von Minivulkanen besetzt wären. Überspült das Wasser die Seepockensiedlung, öffnen die Krebstiere wieder den Deckel und fischen mit ihren fein gefächerten Ruderfüßen Nahrung aus dem Wasser.

Was sind Sternschnuppen?

Sternschnuppen haben mit Sternen eigentlich nichts zu tun. Sie sind winzige Staubteilchen, die durchs All fliegen. Wenn sie die Erde treffen, verglühen sie in der Erdatmosphäre. Sie verdampfen und lassen dabei einen kurzen hellen Streifen leuchtender Gase hinter sich.
Jeden Tag dringen Millionen solcher Staubteilchen in unsere Atmosphäre ein. Wir bemerken aber nur die allerwenigsten davon.

Ganz besonders viele solcher Sternschnuppen gibt es, wenn ein Komet in die Nähe der Erde kommt. Denn hinter einem Kometen zieht oft eine Staubwolke her. Dann fällt manchmal ein richtiger Sternschnuppenregen auf die Erde.

Warum kräht der Hahn?

Spätestens wenn die Sonne aufgeht, wird es laut auf dem Bauernhof: Der Hahn kräht. Er verkündet durch das Krähen jeden Morgen, dass diese Hühner und der Hof sein „Königreich" sind. Denn wie jeder Vogel will ein Hahn sein Revier verteidigen.

Übrigens:
Unsere Singvögel begrüßen mit ihren Melodien nicht freudig den Morgen. Auch sie sagen durch ihren Gesang deutlich, welches Revier sie besetzen! Und wehe, ein anderer Vogel hält sich nicht daran ...

Wie kommt der Wurm in den Apfel?

Der Wurm im Apfel ist eigentlich gar kein Wurm, sondern die Raupe eines Schmetterlings, des Apfelwicklers. Zwischen Mai und Juli legen diese Schmetterlinge ihre Eier in die kleinen Äpfel. Wenn die Larve schlüpft, bohrt sie sich nach innen in den Apfel hinein. Denn die Kerne sind ihre Lieblingsnahrung. Kurz bevor sie sich verpuppt, kriecht die Raupe aus dem Apfel hinaus.
Im August schlüpft aus dieser Puppe wieder ein Falter, der sofort wieder Eier in die nun reifen Äpfel legt. Und die Raupen, die aus diesen Eiern schlüpfen, entdeckt man manchmal beim Apfelessen – es sind die „Würmer“ im Apfel.

Warum leuchten Glühwürmchen?

Name: Leuchtkäfer/ Glühwürmchen
Größe: 12 bis 20 mm
Heimat: weltweit

Vor allem im Juni kannst du auf den Wiesen ein Funkeln beobachten. Es stammt von Leuchtkäfern. Die Männchen fliegen durch die Luft und senden Lichtsignale aus. Die Weibchen, die nicht fliegen können, sitzen im Gras und auf Blättern. Sie sehen die Männchen und antworten mit genau dem gleichen Lichtsignal. Weil die Weibchen wie Würmer aussehen, werden sie Glühwürmchen genannt. Die Farbe des Lichtes und die Art des Signals ist wie eine Geheimsprache zwischen den verschiedenen Glühwürmchen-Arten. So finden sich immer die richtigen Männchen und Weibchen.

Übrigens:
Glühwürmchen werden auch Johanniswürmchen genannt. Denn sie fliegen besonders gehäuft rund um den Johannistag, den 24. Juni.

Was ist Hagel?

Ein Hagelkorn beginnt als Regentropfen im unteren Bereich einer Gewitterwolke. Dort ist es null Grad kalt. Im oberen Bereich der Wolke sind es aber minus 40 Grad! Der Regentropfen wird ständig von unten nach oben durch diese Gewitterwolke gewirbelt. Auf dem Weg nach oben friert der Tropfen und wird zu einem kleinen Eiskorn. Wenn das Eiskorn wieder in den unteren Bereich der Wolke gewirbelt wird, friert dort weiteres Wasser an ihm fest. Zusätzlich verbindet sich das kleine Eiskorn bei der ganzen Wirbelei mit anderen Eiskörnern. Je öfter sich dieses Gewirbel in einer Wolke wiederholt, umso größer wird das Korn. Und irgendwann ist es zu schwer und fällt als Hagelkorn auf die Erde!

Übrigens:
Die Größe von Hagelkörnern ist immer unterschiedlich. Meist sind sie nur so groß wie eine Erbse. Auch dann können sie schon große Schäden an Autos oder Häusern anrichten. Hagelkörner können aber auch größer als ein Tennisball werden!

Kann die Schildkröte ihren Panzer ausziehen?

Der Schildkröten-Panzer besteht aus Knochenplatten. Er ist aus der Wirbelsäule und den Rippen entstanden und noch immer damit verwachsen. Also ist der Panzer fest mit der Schildkröte verbunden.
Wirbelsäule und Rippen der Schildkröte sind wie bei uns Menschen von lebendigem Fleisch umgeben – also auch der Panzer! Eine Schildkröte kann daher mit ihrem Panzer fühlen. Nach außen schützt den Panzer nur eine dünne Hornschicht, ähnlich wie der Fingernagel unsere Finger schützt. Wächst die Schildkröte, wächst auch der Panzer mit.

Übrigens:
Wenn Schildkröten aus dem Ei schlüpfen, haben sie bereits einen Panzer.

Name: Griechische Landschildkröte
Größe: 12 bis 30 cm
Heimat: Mittelmeerraum
Nahrung: Kräuter, Früchte, Würmer
Alter: bis zu 100 Jahren

Haben alle Marienkäfer Punkte?

Die Anzahl der Punkte hat nichts mit dem Alter der Käfer zu tun. Alle Marienkäfer mit der gleichen Punktezahl gehören zu einer Familie. Die kleinen Marienkäfer haben also von Anfang an die gleiche Anzahl von Punkten auf ihren Flügeln, die sie später auch als erwachsene Marienkäfer haben. Es gibt Zweipunkt-Marienkäfer, Vierzehnpunkt-Marienkäfer, Zweiundzwanzgigpunkt-Marienkäfer und viele, viele Marienkäfer mehr. Es gibt fast 4300 verschiedene Arten von Marienkäfern auf der Welt!

Übrigens:
Manchmal verschmelzen die Punkte so sehr miteinander, dass der ganze Marienkäfer schwarz ist. Dann sieht es aus, als ob der Marienkäfer keine Punkte hätte. Es gibt auch Marienkäfer, die Streifen haben!

Name:	Siebenpunkt-Marienkäfer
Größe:	1 bis 15 mm
Heimat:	weltweit – überall, wo es Blätter gibt
Nahrung:	Manche Arten sind Pflanzenfresser. Die meisten fressen aber Insekten.

Warum ist die Banane krumm?

Bananen wachsen nicht einzeln. Bis zu 100 Bananen wachsen zusammen an einer großen Bananenstaude. Die einzelnen Früchte wachsen dicht nebeneinander. Sie sind in runden Kränzen angeordnet wie bei einem riesigen Tannenzapfen. Eine Bananenstaude mit so vielen Bananen ist sehr schwer. Deshalb hängt sie „mit dem Kopf nach unten“.

Jede einzelne Banane möchte aber nach oben zum Licht wachsen. Das geht nur, wenn sie seitlich aus der Staude herauswächst – und sich dann stark nach oben krümmt. Und so passiert es, dass jede einzelne Banane krumm wird.

Wie groß waren Dinos?

Dinosaurier sind die größten Landtiere, die jemals auf dieser Erde lebten. Den Rekord hält Argentinosaurus. Über 100 Tonnen muss er gewogen haben. 30 Meter soll er von Kopf bis zur Schwanzspitze lang gewesen sein! Das ist so lang, wie neun Autos, die hintereinander stehen.
Der höchste Dinosaurier war Brachiosaurus. Sein Kopf erhob sich in 26 Meter Höhe. So konnte der Brachiosaurus Blätter der höchsten Bäume fressen. Heute könnte er bequem in den fünften Stock eines Hauses hineinschauen.
Zu den kleinsten Dinos gehörte Microceratops, ein Verwandter des Triceratops. Er wurde kaum so groß wie ein Huhn.

Übrigens:
Die schwersten Tiere, die je auf dieser Erde gelebt haben, kannst du heute noch sehen: Es sind die Blauwale! Sie werden zwar „nur“ etwas über 30 Meter lang – aber wiegen bis zu 160 Tonnen! Das ist das Gewicht von fast 30 Elefanten.

Microceratops
und Brachiosaurus

Sind Fische stumm?

Unter Wasser gibt es viele Geräusche. Es klingt unglaublich, ist aber wahr: Auch Fische „sprechen“ miteinander!
Der Knurrhahn zum Beispiel macht seinem Namen alle Ehre. Das Knurren entsteht, wenn er mit einem Muskel auf seine Schwimmblase trommelt. Das hört sich fast so an wie das Knurren eines Hundes! So verteidigt er sein Revier und seine Familie. Das Preußenfisch-Männchen knirscht aus dem gleichen Grund lautstark mit den Zähnen.

Von Heringen weiß man, dass sie sich mit einem tiefen Grunzen und einem Surren verständigen. Das „Miteinander-Sprechen“ ist bei Heringen besonders wichtig, weil viele tausend Tiere in einem Schwarm zusammenleben. Sie müssen sich untereinander blitzschnell verständigen können. Heringe erzeugen auch höhere Töne, die sich wie ein Ticken anhören. Diese Töne werden von den Fischen durch Pupsen erzeugt!

Knurrhahn

Warum bleiben Spinnen nicht selbst in ihrem Netz hängen?

Manchmal passiert es, dass Spinnen in ihrem eigenen Netz hängen bleiben. Aber nur ganz selten. Denn Spinnen haben verschiedene praktische Lösungen, damit das nicht passiert

Manche Spinnen, wie zum Beispiel die Wespenspinnen, benutzen zwei verschiedene Fäden, wenn sie ihr Netz bauen. Ein Faden ist klebrig, an diesem bleibt die Beute kleben. Der andere Faden klebt nicht, auf diesem läuft die Spinne. Und die Spinne weiß natürlich, welcher Faden sicher ist.
Andere Spinnen haben ganz leicht ölige Füße. So bleiben sie auf den klebrigen Fäden nicht hängen.

Name:	Wespenspinne
Familie:	Radnetzspinnen
Größe:	2 cm (Weibchen) 5 mm (Männchen)
Heimat:	Europa
Besonderes:	Nach der Paarung frisst das Weibchen das Männchen auf.

Warum haben Rosen Dornen?

Rosen haben spitze Dornen, damit Tiere nicht an ihnen nagen. Damit soll vor allem der untere Teil der Pflanze, der Rosenstock, geschützt werden. Denn dort treiben im Frühjahr die jungen Zweige aus. Darum sitzen dort unten auch ganz besonders lange und scharfe Dornen. So sollen Rehe und Hasen gar nicht erst auf die Idee kommen, daran zu knabbern.

Übrigens:
Eigentlich haben Rosen gar keine „Dornen", sondern „Stacheln", sagen die Wissenschaftler. Stechen tun sie trotzdem …

Wie entsteht ein Regenbogen?

Sonnenlicht sieht für uns weiß aus. Aber eigentlich besteht Sonnenlicht aus den Farben Rot, Orange, Gelb, Grün, Blau und Violett.
Wenn es regnet und gleichzeitig die Sonne scheint, dann kannst du einen Regenbogen am Himmel entdecken. Er hat genau diese Farben: Rot, Orange, Gelb, Grün, Blau und Violett. Woher kommt das?
Bei Regen sind in der Luft Wassertropfen. Wenn Sonnenstrahlen auf diese Wassertropfen treffen, zerbrechen sie in die verschiedenen Farben. Jeder Farbstrahl biegt dann in eine andere Richtung ab. Am wenigsten ändert Rot die Richtung. Etwas stärker biegen Orange und Grün ab, am stärksten Blau und Violett. Deswegen reihen sich die Farben im Regenbogen immer in der gleichen Reihenfolge auf: von Rot nach Orange, Gelb, Grün, Blau bis zu Violett.

Übrigens:
Kennst du Glas-Prismen? Ein Prisma kannst du dir ins Fenster hängen. Wenn die Sonne darauf fällt, erscheint bei dir im Zimmer ein Regenbogen. Denn Prismen wirken genau wie Regentropfen.

Wie stark ist eine Ameise?

Ameisen sind winzige Insekten. Millionen von ihnen leben zusammen in einem Ameisenstaat. Neben der Königin und den Männchen gibt es viele Arbeiterinnen. Diese sorgen zum Beispiel für Nahrung. Dabei vollbringen sie wahre Höchstleistungen: Sie tragen Lasten, die viel schwerer sind als sie selbst! Zum Beispiel Blätter oder Äste. Wie viel Kraft eine Ameise dazu braucht, kannst du durch einen Vergleich verstehen: Wenn wir so stark wären wie eine Ameise, könnten wir mühelos mehrmals am Tag alleine einen Schrank über eine Leiter mehrere Stockwerke nach oben tragen!

Übrigens:
Auf der Erde leben acht Millionen Mal so viele Ameisen wie Menschen!

Name:	Rote Waldameise
Größe:	4 bis 11 mm
Heimat:	Europa, Sibirien, Nordamerika
Nahrung:	kleine Insekten, Honigtau

Warum sind Blätter grün?

In grünen Blättern sitzen kleine Kraftwerke. Sie erzeugen aus Wasser, Luft und Sonnenlicht Kohlenhydrate, also Kraftnahrung für die Pflanze. Ohne Licht ist das nicht möglich. Diese Kraftwerke sind mit einer Flüssigkeit gefüllt – dem grünen Chlorophyll! Und deswegen sind Gras und Blätter grün.
Was ist mit den roten, gelben oder blauen Blütenblättern? Dort wird keine Nahrung erzeugt, also sitzen dort auch keine grünen Kraftwerke. Diese Blätter sind nur dazu da, schön auszusehen, damit sie Insekten anlocken. Sobald das geschehen ist, sterben die farbigen Blütenblätter auch ab.

Ein Experiment:
Wenn Pflanzen nicht genug Licht bekommen, wird der grüne Farbstoff abgebaut. Das kannst du ausprobieren. Decke einen Teil eines Blattes mit Alufolie ab. Und dann warte ein bis zwei Wochen. Nur dort, wo Licht hinkommt, bleibt das Blatt grün. Unter der Alufolie wird es gelb oder rötlich.

Haben Sterne Zacken?

Wir malen Sterne gerne mit Zacken. Das hat auch seinen guten Grund. Denn oft sehen wir, wie die Sterne funkeln und von ihnen Strahlenbündel ausgehen.

In Wirklichkeit sind Sterne Sonnen – und damit auch so rund wie unsere Sonne. Warum funkeln die Sterne nun so, dass es aussieht, als ob sie Zacken hätten?

Rund um unsere Erde liegen viele dichte Luftschichten – unsere Atmosphäre. Licht, das von fernen Sternen zu uns auf die Erde wandert, muss durch diese Luftschichten hindurch. Weil die Luft aber ständig in Bewegung ist, wird der Lichtstrahl dabei „verwackelt“: Das Licht wird sozusagen hin und her geschubst. Daher funkeln Sterne für uns auf der Erde.

Experiment:

Suche eine leicht verkratzte Glasscheibe oder eine Folie. Halte diese vor eine Lampe. Und schon kannst du es beobachten: Obwohl die Glühbirne rund ist, bekommt sie nun, durch die Folie betrachtet, lauter kleine Zacken …

Sind Blindschleichen blind?

Blindschleichen haben Augen wie alle anderen Reptilien auch. Sie bekamen ihren Namen nur deshalb, weil ihre glänzende Haut blendet, wenn die Sonne darauf fällt!

Name:	Blindschleiche
Größe:	30 bis 40 cm
Heimat:	Europa, Westasien, Nordafrika
Nahrung:	Nacktschnecken, Würmer, Insekten

Übrigens:

Blindschleichen sind keine Schlangen und daher auch völlig ungefährlich. Sie sind Echsen – und manchmal, wenn man genau hinschaut, kann man ihre vier zurückgebildeten Beinchen noch erkennen. Außerdem haben sie wie alle anderen Echsen Augenlider und können diese schließen – Schlangen können das nicht!

Hat ein Tausendfüßler wirklich 1 000 Füße?

Name:	Schnurfüßer
Klasse:	Tausendfüßler
Größe:	0,8 bis 8 cm
Heimat:	Europa, Asien
Nahrung:	Pflanzen, Aas
Besonderes:	Sie rollen sich bei Berührung zusammen und geben eine giftige Substanz ab.

Jungtiere haben am Anfang sogar nur ganz wenige Beine. Erst wenn Tausendfüßler wachsen, kommen weitere Beine dazu. Der Rekord liegt bei 750 Beinen.

Tausendfüßler sind Gliedertiere. Das heißt, ihr Körper ist in viele kleine einzelne Teile gegliedert. An jedem Glied sind zwei Beinpaare. Es gibt über 10 000 verschiedene Arten von Tausendfüßlern. Aber keine einzige Art hat wirklich tausend Füße.

Können Seesterne sehen?

Seesterne haben keine Augen wie wir Menschen. Dennoch können sie sehen. Wenn du einen lebendigen Seestern umdrehst, erkennst du an seiner Unterseite direkt an den Armspitzen kleine rote Punkte. Das sind Sehzellen, mit denen der Seestern Hell und Dunkel wahrnehmen kann. Klare Bilder, so wie wir Menschen, kann ein Seestern nicht erkennen. Das braucht er auch nicht, denn er bewegt sich unglaublich langsam vorwärts, drei Meter in der Stunde! Daher muss er nur grob die Richtung erkennen können. Nahrung muss er auch nicht fangen, denn er „grast" gemütlich den Meeresgrund nach Würmern, Krebsen und Muscheln ab.

Übrigens:
Um Muscheln zu fangen, stülpt der Seestern einfach seinen Magen nach außen. Damit umschließt er die Beute und verdaut sie so außerhalb des Körpers.

Wie kommen Oasen in die Wüste?

Dort, wo heute Wüste ist, war früher Meer! Reste dieses Wassers sind an wenigen Stellen auch heute noch in der Wüste zu finden. Diese Wasserstellen nennt man Oasen. Manchmal sind das richtige kleine Seen, umgeben von Palmen mitten im Wüstensand. Erstaunlicherweise schafft die Wüste es nicht, diese Wasserstellen mit Sand zuzuwehen. Die Wissenschaftler wissen auch nicht, warum das so ist. Ursprünglich gab es Oasen nur dort, wo das Wasser von selbst aus dem Boden kam.

Heute bohren Menschen überall in der Wüste tiefe Löcher in den Boden und suchen nach Grundwasser. Wenn sie dabei tief unten Wasser entdecken, pumpen sie es mit Motorpumpen herauf an die Oberfläche. Sie pflanzen Bäume und gießen sie regelmäßig mit dem Wasser. Solche Stellen heißen Grundwasser-Oasen.

Was Kinder wissen wollen

In der Reihe „Was Kinder wissen wollen“ sind bereits folgende Titel erschienen:

Was wäscht der Waschbär?

ISBN 3-89858-072-5

Woher kommen Blitz und Donner?
ISBN 3-89858-073-3

Warum haben wir zehn Zehen?
ISBN 3-89858-200-0

Wie spült die Klospülung?

ISBN 3-89858-257-4

Können Schmetterlinge hören?
ISBN 3-89858-227-2

Was spuckt ein Vulkan?

ISBN 3-86613-228-X

Wo ist im Weltall oben und unten?
ISBN 3-89858-237-X

Warum hat ein Bagger Zähne?
ISBN 3-89858-283-3

Warum stinkt der Käse?

ISBN 3-86613-293-X

Warum tragen Indianer Federn?
ISBN 3-86613-294-8